아름다운 옛 민가 전통건축물

하 랑
도서출판

아름다운 옛 민가 전통건축물

발행일 : 2025년 08월 18일
출판사 : 하랑출판
주   소 : 서울시 중구 퇴계로28길 8
전   화 : 02-2263-3337

목 차

- 승주
  낙안성 마을

낙안성 남문과 성안전경 ---------- 8

승주 낙안성 마을 ---------- 10

남문과 민가 전경 ---------- 12

성내마을에서 본 남문 ---------- 14

박의준 가옥 ---------- 16

이한호 가옥 ---------- 18

김대자 가옥 ---------- 20

김석영 가옥 ---------- 30

최대용 가옥 ---------- 34

최선준 가옥 ---------- 36

곽형두 가옥 ---------- 42

성내의 동남쪽마을 전경 ---------- 46

장종철 가옥 ---------- 48

박봉열 가옥 ---------- 54

강현세 가옥 ---------- 58

낙안읍성 객사 ---------- 64

낙안 동헌 ---------- 68

낙안읍성 ---------- 72

임경업 장군 비각 ---------- 82

낙안읍성 ---------- 84

· 월성
  양동마을

월 성 양 동 마 을 ---------- 96

손 동 만 가 옥 ---------- 98

낙 선 당 ---------- 104

무 첨 당 ---------- 112

관 가 정 ---------- 118

향 단 ---------- 130

심 수 정 ---------- 144

수 운 정 ---------- 156

수 굴 당 ---------- 166

이 향 정 ---------- 168

민 가

승주 낙안성 마을

낙안성 남문과 성안 전경
South gate and overall view of castle village

승주 낙안성(昇州 樂安城)마을

전남 승주군 낙안면 낙안리
사적 제302호. 조선시대
Nag-anseong Maeul, village, Seungchu
Important Folklore Material No.302.Chosun Period

　낙안성 마을는 북쪽의 금천산을 진산으로 삼고 동쪽으로 좌청룡인 오봉산, 서쪽으로 우백호인 백이산으로 둘러싸여 있다. 성남쪽에는 넓은 들판이 펼쳐지고 들판 한가운데 안산인 옥산이 있다. 하천은 금천산 동남에서 흘러 들어오는 동내와 서남에서 흘러 나오는 서내가 있는데 모두 성곽의 바깥둥면을 따라 흘러 옥산앞을 지나고 들판을 지나 바다로 이어진다. 지세의 형국은 옥녀산발형(玉女散髮形)으로 넓은 들을 산들이 여러겹 둘러싸고 있어 상당한 폐쇄감을 준다. 성곽의 서쪽밖으로 대다수의 노거수가 분포하고 있다. 성 내외에는 작은 규모의 초가집들이 다수 있으며 관아건물이외에는 3~4칸 정도이며 5칸을 벗어나는 경우가 드물다. 특히 기와집은 판아를 제외하고는 단 한채도 없고 구조체 역시 빈약하나 서까래 하나를 규제함으로써 공간의 엄격한 위계질서가 마을의 공간계획에 반영되어 서까래 굵기가 가는 것이 다른 지역에 민가에 비해 크게 대비된다. 조선후기에 이르어서는 상권이 수운이 편리한 곳을 따라 번창했으므로 산속에 싸여있는 낙안읍성은 점차로 전래적 농업에만 의존하는 가난한 고을로 전락해 왔다.

남문과 민가 전경
View of south gate and houses

성내마을에서 본 남문
South gate from the view of inner village

안채 전경
The view of main building

집 뒤안의 장독대
Terrace of soybean sauce crocks in backyard

◀ 박의준 가옥(朴義俊 家屋)
전라남도 승주군 낙안면 동내리 367
중요민속자료 제 92호. 조선시대(19세기 중엽)
Park Eui Jun House
Important Folklore Material No.92.Chosun
period(The middle part of 19th century)

　一자형의 안채와 아랫채가 독립채　건물로서 수직으
로 배치한 집이다. 안채는 왼쪽부터 부엌, 안방, 안마
루, 건너방으로 각 1칸으로 방 문 앞에 둔 툇마루로 구
성되었다. 부엌엔 널문을 달았고, 방과 마루에는 분합
을 달았고 건너방에는 외짝을 달았다. 이 집은 이 마
을에서는 보기 드물에 높은 댓돌에 산돌로 주초하였
다. 방과 마루의 기둥간격은 여덟자 다섯치라는 조선
시대의 기준에 적합한데 반해 부엌의 경우는 열한자나
되도록 넓게 잡은 점이 특이하다.

이한호가옥 (李漢皓 家屋)

전남 승주군 낙안면 남내리 73
중요민속자료 제 94호. 조선시대(19세기 중엽)

Lee Han Ho House

Important Folklore Material No.94
Chosun period(the middle part of 19th century)

봉당집의 초기 원형을 보이는 집이다. 죽담을 상당히 높고 반듯하게 쌓아 집터 전체를 둘렀다. 남동쪽 끝의 부엌에 이어 전퇴가 있는 큰방과 작은방, 헛간이 1칸씩 이어지는 一자형 평면이다. 부엌벽의 2면을 맞담으로 쌓고 전면은 완전히 개방한 독특한 형태를 나타낸다. 방 앞의 툇마루의 기둥은 평주와 고주를 연계시켜 우미량처럼 휘어오른 나무를 골라다 사용하였는데 이러한 재목의 사용은 낙안성내 집들 대부분에서 보여지는 지역적 특색이라 할 수 있다. 천연 그대로의 재목을 필요한 곳에 적절하게 사용한 지혜의 결과라 하겠다. 평주의 도리는 납도리형으로 운두가 낮고 폭이 넓은 부재로 보머리에서 좌우의 도리가 이음되고 있다. 이러한 우미량과 도리의 이음을 학술적인 가치로 평가하기도 한다.

◀ 김대자 가옥(金大子 家屋)

전라남도 승주군 낙안면 서내리 78-1
중요민속자료 제 95호. 조선시대(19세기 초)

Kim Dae Ja House

Important Folklore Material No. 95
Chosun period(the early part of 19th century)

　낙안성내 낙민루에서 서문으로 나가는 대로변에 있
는 남향집이다. 반듯하고 넓은 대지에 안채와 부속사,
그리고 채마밭이 있다. 집터 주위에는 돌각담이 있고
돌각담과 부엌이 맞닿는 부근쯤에 장독대가 있어 이
집만의 독특함을 이룬다. 안채의 왼쪽끝이 부엌, 그 옆
으로 안방, 마루, 작은방, 헛간이 이어져있다. 부엌에
는 전면벽 위부분에 봉창이 열려있고 부엌과 안방사이
에는 토벽으로 친 간벽이 있는데 벽의 중간쯤에 조왕
신을 모신 자리와 광솔불을 켜던 선반자리가 있다. 그
아래에 부뚜막이 있고 전면벽 가까이로 물독이 매설되
어있다. 천장은 삿갓천장으로 구조물이 드러나 있는
데, 측벽도리부터 중간쯤으로 가로지르는 뜬도리 사이
에 평천장의 일종인 부채살모양 구조가 보여 특수한
구조를 보인다. 안방에는 전퇴쪽 벽으로 눈높의 창문
이 있다. 채광과 함께 통풍효과 및 조망도 가능하다.

안채
The main building

작은 방 전면의 잿간
Storehouse for ash in front of secondary room

광창이 있는 부엌전면
The front of kitchen with kwangchang(window)

대문밖에서 본 전경
The view of outside

가옥전경
The panoramic view

부엌측 돌담
Stone fence of kitchen side

입구에서 본 안채 정면
The front view of main building

잿간내부
Inside of storehouse for ash

김석영 가옥
전라남도 승주군 낙안면 서내리 79
중요민속자료 제 96호. 조선시대(19세기 초엽)

Kim Suk Young House
Important Folklore Material No. 96
Chosun period(the early part of 19th century)

이 집은 초가삼간으로 아주 소규모로 축약된 집이다. 칸반 크기의 부엌, 큰방, 작은방으로 이어지고 큰방과 작은방앞에 툇마루가 있는 3칸전퇴집으로 이 마을에 가장 많은 평면형이다. 특히 이 집은 서까래를 대나무만으로 한 낮고 작은, 성안의 형편이 넉넉치 못한 사람들이 살던 집이다. 남향한 안채 앞쪽 길거리에 쌓은 돌각담에 의지하여 장독대, 헛간, 닭장 등이 계속되고 있다. 전형적인 토담집의 하나로 외벽은 작은 산돌들을 섞어 맞담과 왼담을 쌓아 풍우에 대비하였다. 큰방과 작은방사이의 샛문을 낸 점이 특이하다. 작은방앞의 툇마루를 단절시켜 작은방의 아궁이를 전퇴에 시설하는 것은 안방과 웃방을 한 구들로 부엌아궁이에서 연결되는 중부지방 3칸집과 다른 이지방 3칸집의 특색이다.

헛간옆으로 난 원래의 사립문
Original brushwood gate by the storehouse

안채 정면
The front view of main building

안채의 측면
The side view of main building

최대용 가옥

전라남도 승주군 낙안면 동내리 283
중요민속자료 제 97호. 조선시대(19세기 중엽)

Choi Dae yong House

Important Folklore Material No.97

Chosun period(the middle part of 19th century)

최대용 가옥은 향교로 가는 대로에 닿아있어 통행이
빈번하고 크고 작은 점포들이 즐비하였던 동문 으로
가는 대로변에 있는 점포중의 하나로 다른 집들에 비
하여 옛 형태를 지니고 있다. 낙안성내외에는 드문 ㄱ
자형의 평면이다. 큰길에 면한 1칸이 점포자리이고 이
어서 방 1칸이 있고 점포에서 몸채로 이어지는 곳에 아
주 작은 골방이 있고 ㄱ자로 꺾이는 곳에 헛간이 있고
다음이 안방이다. 안방옆 넓은 부엌의 부뚜막은 방쪽
벽에 있고 여기에서 땐 불이 방고래를 한바퀴 돌아 다
시 부뚜막쪽으로 나오면서 굴뚝으로 빠지게 되는, 부
뚜막에 굴뚝이 설치되는 남방형이다. 부엌 앞쪽에 있
는 장독대는 두텁게 쌓은 낮은 맞벽으로 감싸게 하였
는데 이는 남해안과 섬지역에서 나타나는 지역적인 특
성을 보이는 구조이다.

북측에서 본 외벽
Outer wall of north side

남동쪽에서 본 살림공간 전경
Living quarters of store-house on main street

남문옆에 있는 가옥전경
The house beside south gate

최선준 가옥(崔善準 家屋)

전라남도 승주군 낙안면 동내리 343
중요민속자료 제 98호. 조선시대(18세기 초엽)

Choi Seon Jun House

Important Folklore Material No.98
Chosun period(the early part of 18th century)

    읍성 남문에서 시작되는 주작대로를 따라 북쪽으로 가는 길 첫 번째에 위치하는 집으로 성안에서는 찾아 볼 수 없는 전자(田字)형 평면이다. 대로로 면해 있는 서측벽으로 1칸 크기의 점포를 내었다. 점포의 동쪽으로 방(안방) 1칸, 안방 앞으로 뜰마루 모양의 퇴가 있고 점포의 남쪽으로도 방(사랑방) 1칸 있으며 반칸폭의 퇴가 고설되어 누마루와 같은 분위기이다. 부엌의 남쪽벽 바깥쪽은 상하의 수장공간으로 상부에는 시렁을 매어 두었다.

가옥의 입구
Enterance view

가옥의 입구
Another view of enterance

정방형 평면인 가옥을 내려다 본 전경
The view of square-plan house

안마당과 살림공간
Courtyard and living quarters

곽형두 가옥(郭炯斗 家屋)

전라남도 승주군 낙안면 남내리 98
중요민속자료 제100호. 조선시대(19세기 말)

Kwak Hyong Du House

Important Folklore Material No. 100
Chosun period(the late part of 19th century)

성내 초가지붕중에서 면모가 가장 단아하고 사용된 부재도 듬직하며 구조된 형체도 건실한 집이다. 평면은 ─자형이며 정면은 5칸반이고 측면은 전후퇴를 포함하여 3칸규모이다. 왼쪽의 부엌은 칸반 크기로 전후퇴까지를 합하여 한 공간이 되었으므로 상당히 넓다. 부엌에 이어 안방 1칸, 고방,건넌방 1칸이며 이어 반칸 퇴로 이 퇴는 전후퇴칸에선 봉당이 되는 미묘한 구조이다. 방과 고방의 앞퇴는 마루를 깔았는데 뒤편의 퇴칸은 봉당인 채로 두어 수장공간으로 활용할 수 있게 되어 있다. 고방은 토벽이나 고방은 판벽에 문얼굴 들이고 판장문을 설치하였다. 고방은 도장이라고 부르며 수장공간으로서 주로 이용되며 이것이 남부해안지방 민가의 특징이다. 고살이 훌륭하며 정원이 넓고 집이 아름답다.

측면 전경
The side view

사립문
A brushwood gate

굴뚝
Chimney

톳마루와 처마
The veranda and the eaves

성내의 동남쪽 마을 전경
The east-south view of viliage

장종철 가옥

전라남도 승주군 낙안면 동내리 334
조선시대(19세기 말엽)

Jang Jong Cheol House

Important Folklore Material No.100
Chosun period(the late part of 19th century)

    성안 동쪽 좁은 대지위에 안채와 헛간, 돼지막으로 이루어진 집이다. 대지 서쪽으로 앉은 안채는 좁은 뒷마당과 넓은 안마당을 가지고 있다. 서쪽 담장 아래 장독대가 있고 담장 모서리로 축사가 있다. 동쪽담장 모퉁이로는 잿간(헛간)이 있다. 출입구는 남쪽 담장 가운데 안채와 마주보는 위치에 있다. 안채는 우진각 지붕의 초가로 ―자형 전퇴집이다. 간살은 서쪽부터 부엌, 큰방, 작은방, 헛간으로 이루어진다. 부엌과 헛간은 전면을 개방시켰고, 부엌 후면에는 외짝문을 두어 뒷마당으로 이어지도록 하였다. 구조는 반5량구조로 퇴보는 홍예보이다. 처마에는 서까래까지의 앙토바름이 탈락되어 산자가 노출되어 있다. 잿간은 슬레이트 맞배집으로 출입구는 개방되어있다. 돼지막은 전면을 죄외한 3면을 돌벽으로 쌓고 초가지붕을 얹었다.

안채 정면 전경
The front view of main building

서측에서 본 전경
The west view

남측에서 본 전경
The south view

맞담으로 쌓은 부엌벽
outer stone-wall of kitchen

입구와 헛간
Enterance and storage part

사립문
A brushwood gate

성벽을 배경으로 앉은 주택 전경
Panoramic view with castle wall

가옥 후면
Rear view

박봉열 가옥

전라남도 승주군 낙안면 동내리 340
조선시대(19세기 말)

Park Bong Yeol House

Chosun period(the late part of 19th century)

　19세기 말에 지어진 것으로 추정되는 이 집은 읍성
의 남동쪽 모서리 부근 성곽 바깥면에 인접하여, 다른
집들과 외따로 떨어져 남서향으로 위치하고 있다. 집
전체가 흙돌담으로 둘러싸여 있고 담 안에 안채와 앞
마당만이 있고 안채와 떨어져 뒷간이 있다. 안채는 모
방집으로 전체가 ㄱ자형인데 오른쪽에 큰방, 왼쪽에
부엌, 부엌 앞으로 모방을 두었다. 기단은 낮고 원형의
초석을 사용하고 구조는 반5량구조이며 초가 우진각지
붕이다.

입구에서 본 안채
Main building from the view of a brushwood gate

도로에서 본 안채 정면
The front view of main building

강현세 가옥
전남 승주군 낙안면 남내리 131
조선시대(19세기 중엽)
Kang Hyeon Se house

Chosun period(the middle part of 19th century)

　남내리 이장집으로 건축시기는 19세기 중엽으로 추정된다. 낙안 읍성의 서남쪽 모서리 부근에 위치한다. 낙안마을의 집들이 비교적 작은 대지에 터를 잡은 것에 비해, 이 집은 넓은 대지와 안채, 사랑채, 축사, 헛간채로 구성된 틈ㅁ자형 배치를 하고 있다. 안채는 대지의 북쪽에 넓은 앞마당과 작은 뒤안을 포함한다. 사랑채는 앞마당을 사이에 두고 안채의 건너편에 위치하고 뒷간채는 사랑채 오른편 구석에 있다. 출입구는 축사의 남쪽면과 사랑채 사이에 있으며 대문은 없다. 안채는 작은 초가로 부엌, 큰방, 작은방, 헛간으로 구성되고 작은방과 헛간이 앞으로 물려져 나와 ㄱ자형 평면을 이룬다. 큰방에는 전퇴가 있으며 작은방으로 통하는 문이 있고 툇마루와 부엌 사이에는 판벽을 두었다. 안채지붕은 초가 우진각지붕이다. 사랑채는 2개의 방과 곳간으로 된 3칸 구조로 기와를 올린 우진각지붕을 하고 있다.

　현재의 안채는 최근의 개축을 통해 동내리의 장종철 가옥과 똑같은 一자형 전외집으로 변해버렸다.

안채 측면과 돌담길
The side view of main building and stone-fence

안채 정면
The front view of main building

안채 전경
The view of Main building

안채의 후면
The rear view of main building

뒷마당
Back garden

낙안객사 정면
The front view of lodging house for government officials

낙안 객사 전경
Lodging house for government officials

동헌
↑
내아
↓

◀ 낙안 동헌
Local government office in Nag-an cactle

낙민루와 동헌
Rear view of Nakminnu pavilion and local government office

동문과 동문밖 평석교위의 석구
East gate and stonedogs on the stone bridge

평석교앞에는 석구(石拘) 2기가 보존되어 있는데 이
는 원래 3기가 있던 것으로 풍수지리상 오봉산이 너무
험준한 까닭에 그 기세에 대응코자 석구를 만들었다고
한다.

동문
East gate

남문
South gate

동문
East gate

서문터
The old place of west gate

여담까지 막돌로 쌓은 성담
Castle wall

남문과 바로 연접한 최선준 가옥
The side view of south gate and a house

남문과 성벽
South gate and castle wall

성벽
Castle wall

동문앞 석구
The stonedog in front of east gate

임경업장군비각
Tombstone of general Iym kyeong uhp

고샅 전경
The view of a narrow alley

  고샅은 바깥길에서 대문으로 이르는 길로서 제주도
의 올래와 같이 개인소유의 의미가 약화된 몇집 공동
소유의 전이공간이라고 할 수 있다. 남해안 지역에 이
러한 고전적인 공간형태를 많이 볼 수 있는데 이 마을
에서 특히 두드러지는 점이다.

고샅 전경
The view of a narrow alley

막돌로 쌓은 나즈막한 돌담과 고샅은 초가이은 민가
와 함께 민속적 분위기를 잘 나타낸다.

마을 안길의 돌로 쌓은 초가집 외벽과 돌담
Outer stone-wall of tatched house and stone fence

주작대로의 돌담과 초가집과 사립문
The view of main street in village

남내리 큰샘과 빨래터
Well in south of village

남내리 우물
Well in village

마을내 노거수
The old tree in village

마을내 노거수
The old tree in village

노거수
The old tree in village

성밖 노거수 숲
The forest of old tree out of castle

성밖 노거수 숲
The forest of old tree out of castle

월성 양동 마을

월성 양동(月城 良洞)마을

경북 월성군 강동면 양동리
중요민속자료 제 189호, 조선시대(15~16세기)
Yangdong mauel, village, Wolsung

Kyeongsangbuk -do , lmpotant Follklore Material No.189
Chosun Period (15th~16th)

　양동마을은 경주에서 형산강 줄기를 따라 동북 포항쪽으로 40리 들어가서 위치하는 마을로 월성손씨와 여강이씨의 양대문벌로 이어져 내려온 이들 양성의 동족부락집단이라 할 수 있다. 입향조인 양민공(襄敏公) 손소는 장인인 유복하의 상속자로 이 마을에 들어와 손씨 입향조가 되었으며 양민공의 딸이 여강 이씨 번에게 출가하여 이후 여강이씨 종가를 이루었다. 양동마을의 입지적 특징은 넓은 안강평야에 임한 물(勿)자형 산곡이 성주에서 흘러드는 형산강 물줄기를 서남방의 역수(逆水)로 맞는 지형으로 이 역수는 이 마을의 끊임없는 부의 상징이라고 한다. 일차적으로 역수지부(逆 水 之富)의 상징은 안강평야로 옛날에는 넓은 안강평야의 옥답의 대다수가 양동반가들의

소유였으므로 양동은 구신분제도 사회에서 많은 소작인과 하인들을 거느린 양반들이
세기하기에 알맞은 마을이었다. 양동은 종가일수록 산등성이의 높고 넓은 터에 위치
하는 반가의 배열법도에 따라 구성되어 있으며 마을에 남아 있는 30동이 넘는 200년
이상의 역사를 지닌 큰 집들은 그 주위에 솔거노비의 주거로 행랑채를 두거나 외거노
비의 살림집인 가랍집을 두었다. 양동은 양반가옥으로 손색없는 대가, 가옥과 지형적
인 경관, 그리고 양반의 권세의 상징으로 보존해 온 종가, 정자와 함께 제실, 비각, 족
보, 문집, 고문서, 위토답 등을 중심으로 유가적인 사상과 관습을 강하게 유지해 온 점
이 반촌으로 유명하게 하는 것이다.

손동만 가옥(孫東滿 家屋)

경상북도 강동면 양동리 223
중요민속자료 23호. 조선중기

Son Dong Man house

Important Folklore Material No. 23
The middle part of Chosun period

송첨 혹은 서백당으로 불리는 집으로 입향조인 양민 공 손소 선생이 건립한 집으로 우재 손중돈과 회재 이 언적이 태어난 곳으로 '명현출생계승설' 이 지금까지도 계속되는 집이다.

안골 중심의 산중턱에 자리잡은 이 집은 一자형의 행랑채와 口자형의 몸채가 전후로 나란히 배치되어 있 다. 행랑채는 정면 8칸, 측면 1칸으로서 오른쪽에 광을 두고 그 옆에 대문간을 두었다. 대문간 왼쪽으로는 마 루 1칸, 방 2칸이 있어 행랑채 구실을 하며 그 옆에 함 실과 광이 이어져 있다. 몸채는 정면 5칸, 측면 6칸의 口자형 평면으로 중앙에 중문을 두고 왼쪽에 2칸 고방 과 오른쪽에 1칸 사랑방, 1칸 사랑대청이 있다. 2칸 부 엌과 3칸 안방은 남서향으로 자리잡고 ㄱ자로 꺾이어

6칸의 안대청과 2칸 건너방이 이어져 있다. 건너방 앞 에는 고방과 그 앞에 마루와 방이 사랑대청과 연결된 다. 부엌의 북쪽으로 장독대와 헛간이 있다. 사랑마당 동북쪽 높은 곳에 사당 3칸이 자리잡고 있다.

행랑채는 낮은 벽돌기단위에 놓여있는데 3량구조로 홑처마에 한식기와 맞배지붕이다. 몸채는 행랑채보다 매우 높은 기단위에 있고 홑처마에 한식기와 팔작지붕 모양 합각을 안들었으나 사랑채에서는 맞배지붕을 이 룬다. 사랑대청에는 아(亞)자 평난간을 설치하고 방과 사이에 용자살 정방형 불발기사분합을 달았으나 대청 양면에는 아무 창호도 없어 환히 들여다 보인다. 안채 대청에는 창호가 없으나 후면에 판장문을 달았고 안방 에는 다락을 만들어 대청쪽으로 작은 창을 내었다.

행랑채와 사랑채
Servant's part and Men's part

사랑채는 모서리에 대청을 두고 2면에 방을 배치한
형태로 대청에 면한 문은 사분합들문으로 하여 전체가
통할 수 있도록 하였다. 대청은 누마루와 같이 전퇴에
난간을 설치하였다. 사랑방앞 전퇴와 안채로 들어가는
중문이 만나는 곳은 퇴 끝에 판장문을 달았다.

본채가 행랑채보다 높은 기단에 있어 위계를 나타낸
다. 사랑채와 안채를 시각적으로 구분하기 위해 사랑
방옆으로 간담을 설치하였다. 사랑방 앞의 새끼줄을
매단 시설을 설치한 것으로 보아 상청임을 알 수 있다.

書百堂

대문간과 사랑대청
Enterance part and main floor of men's part

중문간에서 본 안채
Women's part from the view of courtyard gate

낙선당(樂善堂)

경상북도 강동면 양동리 216
중요민속자료 73호. 조선중기(1540년)

Nakseondang House at Yangdong

Important Folklore Material No. 73

The middle part of Chosun period(1540 A.D.)

　　월성손씨의 종가인 손동만가의 북쪽 산중턱에 자리
잡고 있는 낙선당은 우재 손중돈 선생의 망재인 손숙
돈 선생이 분가했던 집으로 현재는 낙선당 손중로 선
생의 종가집이다.
　　ㅁ자 안채와 중문간 행랑채와 작은 중문을 사이에
두고 一자 사랑채가 연접해 있다. 대문채는 3칸으로 가
운데가 문간이고 남쪽 1칸은 행랑방이며 북쪽은 외양
간이다. 중문간 행랑채는 정면 7칸, 측면 1칸으로 중앙
문에 중문을 두고 좌우로 모두 광을 두었다.대문간채
과 중문간행랑채는 3량집에 홑처마이고 한식기와를 얹

은 맞배지붕이다. 대문채 앞의 사랑마당이 넓은 점은
농업중심의 경제활동을 중시여겼음을 시사한다. 안채
는 안방,대청,건넌방,부엌으로 구성된다. 전체적으로
연속된 채로 보이나 각 채가 독립되어 건축되었다. 사
랑채는 낮은 기단위에 一자로 세운 정면 5칸집으로 대
부분의 큰집들이 높은 기단위에 세우는 통례에 반한
드문 예이다. 대문과 사랑채 및 안채가 모두 서향이며
물(勿)자의 한획에 해당되는 산줄기를 등진 배산임계
의 원칙에 맞는 집으로 전반적으로 실용에 치중한 구
조를 보인다.

사랑채 – 사랑방
Rooms of Men's part

사랑대청
Main floor of Men's part

　전면만을 개방시키고 판장문을 달았다.이 가옥의
당호인 '낙선당' 편액이 걸려있다. 뒷면 판장문위로 감
실이 보인다.

사랑대청 세부
Details of main floor of Men's part

문간채과 광채
Enterance part and storehouse

안채
Women's part

사랑채에서 안채로 통하는 쪽대문에서 봄
The view from side gate

　맞은편에 보이는 판장문의 광은 ㄷ자 안채의 끝칸이
고 오른쪽이 안대문이 있는 행랑채이다.

아래채측벽 ▶
The wooden-sidewall of storehouse

판벽으로 처리한 광이 있는 아래채와 ㄷ자형 안채사
이에 사랑채와 연결되는 쪽대문이 보인다.

뒷마당에서 본 안방의 창호와 굴뚝
Main room's door and chimney from the view of backyard

전경
Panoramic view

누마루
Rail floor

◀ 무첨당
경상북도 강동면 양동리 181
보물 제 411호 . 조선중기
Mucheomdang house
Treasure No 411. the middle part of Chosun period

북촌의 중앙 산등성이에 자리잡은 무첨당은 이언적 선생의 아버지 이번선생이 살던 집으로 여강이씨 대종가이다. 별당채인 무첨당과 종가 본채, 그리고 사당으로 구성되었는데, 무첨당은 이언적 선생이 후에 세운 것으로 방, 대청,방을 일렬로 늘어놓고 누마루를 ㄱ자형으로 돌출시켰다. 본채는 ㄷ자평면의 행랑채와 ㄷ자형의 안채가 인접되어 전체적으로 ㅁ자배치를 이룬다. 무첨당 앞마당을 지나 몸채에 이르면 사랑채와 행랑채 사이에 세운 중문을 통해 본채의 앞마당에 이르게 된다. 중문 왼편에 있는 사랑채는 대청 1칸, 사랑방 2칸이 있고 광을 구석에 두고 꺾여 안채의 건너방과 연결된다. 안채는 제일 구석에 부엌을 두고 부엌 왼쪽으로 안방과 대청을 두었고, 오른쪽으로는 방과 마루방을 1칸씩 두었다. 사당은 안채 뒤로 계단을 딛고 높직히 올라가서 삼문을 통해 들어갈 수 있는데 전형적인 사당 평면을 가지고 있다.무첨당은 높은 기단위에 초석을 놓고 두리기둥을 세웠는데 내부와 온돌방 뒷면에는 네모기둥을 사용하였다. 기둥위에 배치된 공포는 초익공 계통이며 5량구조에 홑처마 팔작지붕으로 되어있고 누마루가 달린 쪽지붕은 합각을 만들어 놓았다. 대청전면은 개방되었으나 뒷면에는 판장문과 벽을 달았다.몸채와 행랑채는 홑처마 맞배기와지붕이고 몸채의 지붕은 특히 꺾이는 부분에 합각을 이룬다.

동측에서 본 전경
View from the east

대청
Main floor

누마루에서 본 대청과 작은방
Main floor and secondary room from the view of rail floor

대문밖에서 본 안채 전경
The inner house from the view of gate

대청위에서 본 전경
View from the main floor

관가정(觀稼亭)

경상북도 강동면 양동리 150
보물 제 442호 . 조선중기
Kwankajeong house
Treasure No.442. The middle part of Chosun period

　북촌 서향 언덕에 자리잡고 있는 이 집은 조선중기 건축으로서 우재 손중돈 선생이 분가하여 살았던 집이다.ㅁ자형에 가까운 본채는 사랑채와 안채가 한 동으로 연결되었다.

　중문을 중앙에 두고 왼쪽에 사랑채, 오른쪽에 안채를 두었는데 사랑채는 방 2칸에 대청 2칸이 있고 대청은 누마루형식을 취하고 있다. 안채는 부엌을 가운데에 두고 좌우에 방을 배치하며 부엌 윗쪽으로 작은 대청 2칸,방 2칸,ㄱ자로 꺾여진 곳에 큰 대청이 6칸의 크기로 위치한다. 안채의 건너방과 사랑방 사이에는 광과 마루를 연결하고 있다.

　사랑대청 간살은 3량으로 측벽 대량 위, 천장 밑의 삼각형 부분에는 아무런 벽체를 만들지 않아 터져 있는 점과 안채의 초석 위 벽체를 일부 파서 기둥 밑이 벽체와 독립되게 처리한 것등이 특이하다. 홑처마에 한식기와를 이은 맞배지붕을 이루고 있다.

사당의 삼문
The Three-gate of Shrine

안대청에서 본 대문
Gate from the view of main floor

중문을 통해 본 대문
Gate from the view of courtyard gate

사랑채 전경
View of men's part

안채
Women's part

누마루 형식의 사랑대청
The floor for men of rail floor style

안채의 후면
Rear view of Women's part

안채 창호와 굴뚝
Door and chimney of women᾽s part

사랑마당에서 본 전경
View from the court of Men's quarters

◀ 향단(香壇)
경상북도 강동면 양동리 135
보물 제412호 . 조선중기
Hyangdan Shrine
Treasure No. 412.The middle part of Chosun period

향단은 조선 중종때 회재 이언적 선생이 경상도 관찰사로 부임할 당시 건축한 건물로 건립당시에는 99칸 집이었다고 한다. 회재의 아우 용재 이언괄 선생의 후손들이 살아 온 집이다. 북촌 제일 왼쪽 끝 산등성이 입구, 안골로 들어가는 중앙로에서 곧바로 바라보이는 위치에 자리잡고 있으며 一자형 행랑채와 日자형 몸채가 거의 연접해있어 거의 한 동(棟)처럼 보이는 집약된 평면형이다. 행랑채는 중문을 가운데에 두고 좌우로 마루와 온돌방을 두어 행랑인들이 거처하였다. 몸채는 오른쪽에 사랑채를 두고 왼쪽으로 안채를 두어 전체가 하나로 이어진다. 사랑채는 정면 4칸 측면 2칸으로 중앙에 대청을 두고 뒷면으로 반칸폭의 퇴를 두었다. 사랑대청 좌우로 방을 두어 이 중 한 방이 안채와 연결된다. 안채는 부엌이 헛간과 이어있고,대청을 가운데에 두고 안방이 ㄱ자로 꺾여 있다. 부엌 옆 헛간 웃층에는 마루바닥의 헛간이 특이하게 배치되었다. 행랑채, 사랑채,안채 모두홑처마에 한식기와 맞배지붕을 양측 박공에 풍판을 달았다.

협문
Side gate

사랑마당과 노목
Garden of men's part and a old tree

사랑채 정면
The front of men's quarters

본채
Main building

중문을 중심으로 왼쪽은 사랑채이고 오른쪽은 안채
이다.

사랑대청에서 본 안채
Women's quarters from the view of main floor for men

부엌앞의 마루
The floor in front of kitchen

행랑채와 본채
The servant's quarters and main building

행랑채와 본채의 단 차이에서 공간의 위계질서를 볼 수 있다.

문간채
Enterance quarters

지형을 이용하여 만들어진 2층은 우리 나라에서는
아주 드문예이다.

부엌앞방
A room in front of kitchen

심수정(心水亭)

경상북도 강동면 양동리 98
중요민속자료 81호. 조선중기(1560년)

Simsujeong Pavilion at Yangdong

Important Folklore Material No. 81
The middle part of Chosun period(1560 A.D.)

　현재의 심수정은 조선 명종때 건축된 정자가 철종때 행랑채를 제외하고 화재로 소실되어 1917년에 재건한 것이다. 마을에 들어서면서 오른편 남산 오르막 대지에 세워진 정자로서 양동마을의 여러 정자들중 규모가 가장 큰 ㄱ자 평면형의 정자이다. 향단주인 소유의 정자로서 맞은 편 북촌에 자리잡은 향단과 그 일대를 잘 조망할 수 있다. ㄱ자로 꺾이는 양쪽으로 대청을 두고 그 옆에 방을 두었다. 대청 왼쪽방에는 누마루를 두어 양동마을 전체를 내다볼 수 있게 하였다. 홑처마에 팔작기와지붕이고 간살은 5량구조이다.

　대청은 연등천장에 우물마루이고 바깥 덧문은 띠살창호이고 8각불발기를 넣은 들어열개사분합문이다.

중정에서 본 누마루와 작은방
Rail floor and secondary room from the view of courtyard

안마당과 전면
Courtyard and front view of pavilion

心水

대청내부
The inside of main floor

149

대청 후면 상세
Fitting details of Main floor

아래채 후면
Rear view of storehouse

대청쪽의 큰방문– 팔각불발기를 넣은 들어열개 사분합문
Door of main room toward main floor

큰방에서 본 대청의 측벽
Side wooden-wall of main floor from the view of main room

대청- 구조세부
Main floor - details of structure

정자 뒤 후원
Backyard of pavilion

대청의 측면
Side view of main floor

수운정(水雲亭)

경상북도 강동면 양동리 89
중요민속자료 80호. 조선중기(1582년)

Suunjeong Pavilion at Yangdong

Important Folklore Material No. 80

The middle part of Chosun period(1695 A.D.)

　이 정자는　우재 선생의 증손인 청허재 손엽 선생이
짓고 '물과 같이 맑고 구름같이　허무하다(水淸雲虛)'
는 뜻을 따서 이름지었다고 한다. 묵촌　서북쪽에서 불
봉의 산등성이를 벗어난 곳에 남서향으로 높직히 자리
잡고 있어 안강평야를 한눈에 조망할 수 있다. 평면은
一자형으로 정면 3칸, 측면 2칸으로 왼쪽에　정면 2칸,
측면 2칸의 대청을 두고 오른쪽에 정면 1칸, 측면 2칸
방을 배치하였다. 정자 뒷면으로는 온돌방과 마루방이
있는 행랑채가 부설되어 있고 일각문을 통해 드나들
수 있다. 대청이나 방의 전면과 측면에는 계자각난간
을 설치하였고 대청은 우물마루에 연등천장이나 합각
이 되는 자리에 우물천장을 일부 설치하였다. 대청의
동면과 북면에는 판장분합문을 달았다. 우물천장을 짜
넣은 틀의 두 귀에는 연꽃잎을 새긴 꽃봉오리를 달았
고 첨자와 소로로 나머지 두 귀를 떠받치고 있는 것이
특색있다. 처마는 겹처마로서 막새를 사용한 팔작기와
지붕을 이룬다.

대청
Main floor

대청상세
Details of main floor

천장상세 -연등천장과 우물천장 ◀
Details of ceiling

대청내부 ▶
Inside of main floor

정자후면과 행랑채
The back side of pavilion and servant's part

행랑채 측면과 협문
Side of servant's part and side gate

대문
Gate

협문상세
Details of side gste

대문상세
Details of gate

정면 전경- 사랑채와 중문
Panoramic view - Men's part and courtyard gate

수졸당(守拙堂)

경상북도 강동면 양동리 89
중요민속자료 78호. 조선시대(1744년)

Sujoldang house
Important Folklore Material No. 78
Chosun period(1744 A.D.)

이 집은 광해군 8년(1616)에 이언적 선생의 넷째 손자인 수졸당 이의잠 선생이 지은 집으로 당호는 그의 호를 따서 지은 것이다. 후에 영조 20년(1744)에 양문당 이정규 선생이 사랑채를 증축하였다고 한다. 一자형의 사랑채와 행랑채, ㄱ자형의 안채가 인접하여 튼ㅁ자평면을 이루는 이 집은 서백당과 낙선당 건너편 산줄기의 중턱 동향대지에 자리하고 있다. 사랑채는 정면 4칸, 측면 2칸으로 왼쪽 끝에 대청과 전퇴가 있는 사랑방을 두었고, 오른쪽은 바로 대문간이 되어 一자형 평면의 행랑채와 연결된다. 행랑채에는 방 1칸, 축사 3칸, 중문간 1칸, 광 2칸이 일렬로 이어져 있으며, 안채에는 ㄱ자의 가장 안쪽에 부엌을 두고 왼쪽으로 안방 4칸, 대청 4칸, 건너방 2칸을 배치하였다. 부엌 오른쪽으로는 광이 있고 몸채 왼쪽 동산에는 사당이 자리잡고 있다. 사랑채는 소로받침없이 장혀로 받혀진 민도리집으로 5량구조이고 부연없는 한식기와 맞배지붕을 하고 있다. 안채와 행랑채도 민도리집으로 홑처마에 맞배지붕을 하고 있다.

사랑대청의 천장
The structure of ceiling in main floor of men's part

사랑방 가구상세
Details of structure in men's part

담장
The fence

이향정(二香亭)

경상북도 강동면 양동리 89
중요민속자료 79호. 조선중엽(1695년)
Ihyangjeong. House
Important Folklore Material No. 79
The middle part of Chosun period(1695 A.D.)

　마을의 안골로 들어가는 오른쪽 입구에 남향으로 자리잡은 이향정은 ㄱ자형 안채와 一자형 사랑채, 아래채가 튼ㅁ자형 평면배치를 이룬다. 토담으로 된 담장을 들어서면 곧바로 왼쪽에 사랑채가 있는 중문이 마주 보인다. 사랑채는 정면 6칸, 측면 1칸반으로 중앙에 2칸 크기의 대청을 두고 그 좌우로 방들을 둔 홑처마에 맞배기와지붕집이다. 창호는 주로 띠살무늬를 사용하였는데, 대청 전면에는 띠살무늬 들어열개 사분합문을 달았고 랑건너방의 측면과 정면 일부의 마루끝에는 亞자난간을 둘러서 누마루와 같은 분위기를 꾀했다. 안채는 사랑채 옆의 중문을 통해 들어서게 된다. ㄱ자로 꺾이는 곳에 부엌을 두고 오른쪽으로 안방 2칸, 대청 2칸, 건너방 1칸을 두었다. 부엌의 왼쪽에는 마루광 2칸과 온돌방 1칸을 두었다. 안채 역시 홑처마에 맞배 기와지붕이나 부엌칸 상부에서 용마루를 높여 뒤쪽에서 합각이 조금 형성되도록 했다. 안채의 창호는 주로 띠살무늬이고 광에는 판벽과 판장문을 달았다. 안방과 건너방 전면에는 창호아래 머름을 넣어 치장하고 있다.

　아래채는 안채기단과 안마당보다 한단 낮은 서쪽으로 자리하고 있는데, 정면 6칸, 측면 1칸으로 중앙에 흙바닥 헛간을 두고 좌우로 광을 두었다. 당호는 온양군수를 지낸 이향정 이 범중선생의 호를 딴 것이다.

사랑건너방의 측면
The side view of secondary room

사랑건너방 측면의 퇴와 방풍판
Veranda and wind protection board in side of secondary room

가옥전경
Panoramic view

전면의 사랑채와 주택 안채로 통하는 중문 그옆으로
안채의 측면이 보인다.

아래채 후면
Rear view of storehouse

사랑건너방과 아자난간을 두른 전면마루 ▶
Secondary room and floor with rail of men' part

안채 정면
Front view of main building